Bäume müssen blühen - Menschen auch!

Bäume müssen blühen - Menschen auch!
Mitarbeiter sind auch Menschen.

3. Auflage Juli 2018

Verlag Gute Nachricht GmbH
Freyunger Str. 53 a – D-94146 Hinterschmiding
www.verlag-gute-nachricht.de

Illustrationen: Franziska Vinzis Pilsl, www.vinzis.de

ISBN 978-3-935760-50-8

Karl Pilsl

Bäume müssen blühen – Menschen auch!

Mitarbeiter sind auch Menschen.

Das Wertefundament für erVOLLgreiche
Unternehmer und Führungskräfte

Inhaltsverzeichnis

Einleitung

Liebe Leserin, lieber Leser,

Ich hab mir vorgenommen, dich mit diesem Buch herauszufordern.

Ich habe mir vorgenommen, dir in diesem Buch einige Frage zu stellen, die dir vielleicht bisher noch niemand gestellt hat, und dich vielleicht auch ärgern könnten.

Ich habe mir vorgenommen, dir vielleicht sogar auf die Zehen zu steigen. Weil ich möchte, dass sich dein Unternehmer-Leben (beruflich und privat) einzigartig gut entwickelt und du wirklich gerüstet bist für die herausfordernden Zeiten, die vor uns liegen.

Ich darf das: Ich bin jetzt 70 Jahre und sitze noch fest „im Sattel und im Saft“, wie man so schön sagt. Über 50 Jahre meines Lebens bin ich schon Unternehmer in Österreich, in Deutschland und seit 1979 auch in den USA. Ich habe viele Firmen und Organisationen gegründet, alle Fehler selbst gemacht, bin durch dick und dünn gegangen, einen großen Konkurs gebaut und immer wieder aufgestanden. Ich bin als Unternehmer nicht bitter geworden, sondern als lernender Mensch habe ich mich immer positiv weiterentwickelt. Ich bin immer noch mit Begeisterung Unternehmer. Seit ein paar Jahren vollkommen fokussiert auf Investment in Menschen, die gerne aufblühen und wachsen möchten. Qualitativ und quantitativ. Es gibt ja nur zwei Dinge: Wachsen oder Welken. Wer aufgehört hat zu wachsen, hat bereits begonnen zu welken. Es gibt keine neutrale „Ab-Wartezone“.

Der große Vorteil eines 70-Jährigen ist: Er darf sagen, was ein 30-jähriger besser noch nicht sagt.

Ich wünsche dir viel Freude beim Lesen.

Dein

Karl Pilsl

www.karlpilsl.com

PS: Ich habe mich auch entschieden in der Du-Form zu schreiben, weil ich sicher bin, dass ich so schneller nicht nur dein Hirn, sondern auch dein Herz erreiche.

PPS: Ich habe mich auch entschieden in der männlichen Form zu schreiben. Weil ich es einfach dumm finde, zu gendern, wo wir doch vor Gott alle – Frauen und Männer – die gleiche Position einnehmen und den gleichen Wert haben. Nur Religionen haben uns vor langer Zeit eingeredet, dass die Männer wichtiger als die Frauen wären. Bei Gott gibt es keinen Unterschied (lt. Gal. 3,26-28). Frauen sind meist sogar die besseren Leader. Warum? Das kannst du auch in diesem Buch lesen.

Nur wenn du ein interessanter Gesprächspartner bist, werden andere Menschen deine Nähe suchen. Sonst brauchst du wie viele andere auch: Eine Vertriebs-Abteilung. Das heißt, du wirst deine Kunden „vertreiben“.

12 Fragen auf dem Weg zum Menschenspezialisten®

Darf ich dir vorweg ein paar Fragen stellen?

In meiner mehr als 50-jährigen Laufbahn als Unternehmer mit hunderten Mitarbeitern und allen Höhen und Tiefen – durch dick und dünn gegangen – habe ich lernen dürfen, dass es nur ein paar wenige Punkte sind, auf die es wirklich ankommt, um ein erfülltes Leben zu leben. Egal in welchem Beruf du stehst, egal in welcher Branche du zuhause bist, und egal in welcher Position du deinen Dienst versiehst. Es geht immer um Menschen und um die Frage: „Wie attraktiv bist du für andere Menschen?"

Wenn du andere Menschen zum Blühen bringen kannst, dann wirst du im wahrsten Sinne des Wortes „fruchtbar" sein und dich auch entsprechend multiplizieren. Multiplikation gibt es nur dort, wo auch Frucht hervorkommt, denn erst in der Frucht steckt das neue Samenkorn für einen neuen Baum.

Suchen andere Menschen freiwillig und mit Begeisterung deine Nähe oder nicht?

Hier sind die Fragen:

1. Bist du ein interessanter Gesprächspartner?

Ja? Aus welcher Sicht? Warum sollen andere Menschen deine Nähe suchen, um mit dir zu sprechen, dir zuzuhören, von dir zu lernen?

In der heutigen Zeit der Informationsflut haben die Menschen viele Alternativen. WARUM sollen sie gerade dir zuhören?

Hast du dir diese Frage schon einmal gestellt?

Die zentrale Frage des Lebens: Was haben andere Menschen davon, dass es mich gibt?

2. Bist du authentisch – lebst du deine Einzigartigkeit?

Bist du wirklich echt? Oder spielst du den Menschen nur etwas vor, ohne es selbst zu erkennen, dass du das tust? Wie authentisch bist du? Bist du auch bereit, deine Fehler einzugestehen, oder erfindest du immer wieder Ausreden, um vor anderen Menschen gut dazustehen?

Du bist wirklich einzigartig. Lebst du auch deine Einzigartigkeit oder spielst du nur eine Rolle? Bist du du selbst oder versuchst du immer nur gut dazustehen vor den anderen? Fürchtest du dich vor dem „Schämen-müssen“?

Wirklich attraktiv ist ein Mensch nur dann, wenn er authentisch ist. Einfach er selbst. Das ist doch nicht schwer, oder? Schwer wird es im Leben dann, wenn man immer glaubt, eine gewisse Rolle spielen zu müssen.

3. Was haben andere Menschen davon, dass es dich gibt?

Die meisten Menschen fragen sich: „Was habe **ich** davon, dass es **dich** gibt?“ Aber das funktioniert nicht. Diese Frage setzt keinerlei Anziehungskraft frei. Du musst immer anderen Menschen nachlaufen, um ihnen etwas wegnehmen zu können. Niemand sucht deine Nähe, weil du von ihnen etwas willst.

Als ich mir vor über 30 Jahren das erste Mal die Frage stellte: „Warum bin ich auf dieser Erde? Was haben andere Menschen davon, dass es mich gibt?“, hat sich mein Leben dramatisch zum Positiven gewendet. Auf einmal – Schritt für Schritt – ist

Was erleben andere Menschen,
wenn sie dir begegnen?

meine Anziehungskraft auf andere Menschen gestiegen und die Menschen begannen mir nachzulaufen, meine Nähe zu suchen.

4. Was erleben andere Menschen, wenn sie dir begegnen?

Bist du ein Erlebnis? Wenn du ein Erlebnis bist für andere Menschen, dann setzt du einen „Empfehlungs-Prozess“ in Gang und Empfehlungs-Marketing wird zum Automatismus. Wenn du aber kein Erlebnis bist, sondern einfach nur deinen Job machst, um Geld zu verdienen, warum soll jemand deine Nähe suchen?

Bist du schon Menschen begegnet, die ein Erlebnis sind? Es gibt Menschen, die brauchen nur zu sprechen, zu erzählen beginnen und schon vergessen die Zuhörer ihre Zeit – sie lieben es, diesem Menschen zuhören zu dürfen.

Gehörst du bereits zu diesen Menschen?

5. Bist du für andere Menschen eine Tankstelle oder eine Absaugstation?

Viele Menschen von heute sind leer. Ausgelaugt. Abgesaugt worden von einem egoistischen Menschen.

Was suchen die Menschen? Wenn du hast, was die Menschen suchen, brauchst du die Menschen nicht mehr suchen, weil die Menschen dich suchen.

Hast du, was andere Menschen suchen? Bist du für sie die Tankstelle? Kann man bei dir tanken, was die Menschen – deine Zielgruppe – sucht?

Bist du für andere Menschen eine Tankstelle oder gar eine Absaug-Station? Davon hängt ab, ob du weiterempfohlen wirst oder nicht.

Oder bist du auch einer von diesen, die andere absaugen, die sich bei anderen Menschen ihren Treibstoff holen?

Was hältst du von einer Tankstelle, die dich nicht auffüllt, sondern die letzten zwei Liter absaugt? Du würdest dort nie wieder hinfahren, oder?

6. Bist du ein Abhol-Spezialist?

Es gibt in der heutigen Zeit so viele frustrierte Menschen. Leer, orientierungslos, depressiv usw. Sie gehen nur noch arbeiten, um Geld zu verdienen, haben aber keinerlei Freude mehr an ihrem Leben.

Bist du ein Abhol-Spezialist für diese Menschen? In deiner Zielgruppe gibt es tausende solcher Menschen. Sie warten auf dich, wenn du ihnen das bringst, was sie so dringend suchen.

Nur wer Menschen abholt – abholen kann – kann diese auch weiterführen. Der beste Koch kann eine Forelle nur dann in ihre Berufung führen (ein Gaumenschmaus für Menschen), wenn diese Forelle auch jemand im Fluss abgeholt hat. Wahrscheinlich mit Regenwurm an der Angel – das heißt, mit einem „Thema", das die Forelle fasziniert.

Möchtest du gerne ein Abholspezialist werden?

Die meisten Menschen werden deshalb nicht erfolgreich, weil sie noch nicht gelernt haben, diese (Kunden, Talente) auch richtig abzuholen.

Der Weg des beruflichen Lebens:
vom Produktspezialisten
über den Branchenspezialisten
zum Menschenspezialisten®.

7. Bist du schon ein Atmosphäre-Spezialist?

Nur wer blüht, kann auch Frucht bringen. Nur wer Frucht bringt, wird sich auch multiplizieren.

Menschen, die du abgeholt hast in ihrem Frust, ihren Herausforderungen des Lebens, suchen dann einen Ort, an dem die Atmosphäre stimmt. Treibhausklima für Kreativität. Treibhausklima für Spitzenleistungen, Treibhausklima für Träume, Visionen und Ziele.

Bist du ein solcher Atmosphäre-Spezialist? Oder kommen sie bei dir vom Regen in die Traufe?

Menschen suchen eine Atmosphäre zum Aufblühen – von Montag bis Freitag – an ihrer Arbeitsstelle.

Wo diese Atmosphäre fehlt, kann man nicht aufblühen. Wo man nicht aufblühen kann, kann man auch keine Frucht bringen. Wo es keine Frucht gibt, gibt es auch keine Freude und auch keine Fruchtbarkeit, die zur Multiplikation führt.

8. Finden die Menschen bei dir Orientierung für ihre Zukunft?

Was suchen die Menschen von heute am meisten? Du hast es erraten: Orientierung für ihre Zukunft.

Diese Orientierung kommt aber nicht aus Brüssel, auch nicht aus Berlin, auch nicht aus Wien oder Bern und auch nicht aus Rom. Die alle haben selbst keine Orientierung mehr.

Menschen suchen aber diese Orientierung, gerade die jungen Leute von heute, aber auch jene, die bereits in der zweiten Lebenshälfte sind und nicht wissen, wie es weitergehen soll.

Warum sollen andere Menschen dir zuhören wollen?

Sicher nicht deshalb, weil du ihnen etwas verkaufen möchtest.

Finden diese Menschen BEI DIR ihre Orientierung? Dann ist deine Zukunft gesichert.

9. Finden die Menschen bei dir Ant-Wort auf die Fragen des Lebens?

Du weißt ja selbst: In der heutigen Zeit gibt es Fragen über Fragen, auf die niemand Antwort geben will oder kann. Fragen des Lebens, Fragen über die Zukunft, Fragen zu wichtigen Entscheidungen, die so täglich zu treffen sind, Fragen über Fragen und weder Politik noch Kirche geben eine Antwort drauf.

Finden diese Menschen bei dir diese Antworten, die sie suchen?

Hast du Antworten für Menschen oder willst du ihnen nur etwas verkaufen?

Finden die Menschen in deiner Nähe Sicherheit? Es gibt so viele Menschen, die Verwirrung stiften und sich wundern, warum sie weder wirtschaftlich noch persönlich erfolgreich sind.

Bist du schon bekannt geworden als jemand, dessen Rat man sucht, weil dein Rat nicht Angst, sondern Ruhe und Sicherheit stiftet?

10. Bist du eher ein Mut-Macher oder eher ein Angst-Macher oder gar ein Mies-Macher?

Es gibt leider so viele Menschen in der heutigen Zeit, die eher Angst machen als Mut.

Es gibt leider so viele Menschen, die sich sogar als Miesmacher wohlfühlen und dabei meinen, sie werden dadurch als „Fachleute“ geschätzt, weil sie andere oder anderes runtermachen.

Zu welcher Gruppe gehörst du, ehrlich?

Wenn du zur Gruppe der Mut-Macher gehörst, dann gehört dir die Zukunft. Das ist ganz sicher. Menschen brauchen Mut-Macher um sich herum. Menschen müssen wieder viel mutiger werden, damit sie bereit sind, Dinge zu tun, die sie bisher nicht getan haben und in der Folge daher Dinge erleben können, die sie bisher nicht erlebt haben.

11. Wenn es um die Beziehung zu anderen Menschen geht: Bist du eher ein Investor oder eher ein Konsument?

Zu welcher Gruppe gehörst du? Bist du bereit, dich, deine Talente, dein Leben in andere Menschen zu investieren oder hältst du ständig Ausschau danach, von wem du etwas bekommen könntest?

Investoren werden immer reicher, ihre Lebens-Dividende wächst und wächst. Konsumenten werden immer ärmer und sie warten vergebens auf die Ernte. Sie haben ja nur das Samenkorn anderer Menschen weggegessen. Daher ist keine Ernte in Sicht.

Stell dir dieses Bild einmal vor: Jene, die säen (investieren), bekommen auch eine Ernte. Jene, die das Saatgut (anderer) aufessen, werden weder ernten noch Freunde gewinnen.

12. Hast du Freude daran, wenn die Menschen um dich herum wirklich aufblühen und oft sogar besser werden als du selbst?

Wie geht es dir bei dem Gedanken, dass die Menschen um dich herum – durch dein Investment – aufblühen und reiche Frucht bringen? Freust du dich mit ihnen?

Wie geht es dir dabei, wenn deine Mitarbeiter besser werden als du? Weil du dich in sie investiert hast?

Qualitatives Wachstum in einem Unternehmen gibt es nur, wenn die Mitarbeiter besser werden dürfen als der Chef.

Ein Chef, der das nicht will und sich darüber nicht aufrichtig freuen kann, darf sich auch nicht wundern, wenn die besten Talente der Branche bei der Konkurrenz arbeiten.

7 Vorteile gegenüber deinen Mitbewerbern

Hier zeige ich dir die 7 **Ausbildungsmodule** zum Menschenspezialisten®. **7 Schritte**, die dich von Mitbewerbern unterscheiden.

1. Der Menschenspezialist® und seine Talente, Träume, Visionen und Ziele

Auf den nächsten Seiten stellen wir uns gemeinsam Fragen, die wir uns möglicherweise noch nie bewusst gestellt haben.

Es beginnt ja alles bei uns. Leider helfen uns die öffentlichen Schulen nicht dabei, darauf Antworten zu bekommen. Das deutsche Schulsystem ist ein Stopfsystem. In immer kürzerer Zeit immer mehr Information hinein, bis unsere Kinder nicht mal mehr wissen, wer sie wirklich sind und warum sie überhaupt auf dieser Erde sind.

Hier sind die Fragen. Bei der Ausbildung zum Menschenspezialisten® in der Umdenk-Akademie® behandeln wir diese Fragen sehr ausführlich. Die Antworten darauf sind die Basis für die nächsten Schritte in unserem Leben.

Warum bin ich überhaupt auf dieser Erde?
WER BIN ICH?

Alles beginnt bei dir. Die erste Frage, die sich ein Mensch stellen soll, ist die Frage: „Warum bin ich überhaupt auf dieser Erde? Wer bin ich eigentlich? Wie sieht mich mein Schöpfer, was hat ER mit mir vor?“

Du bist nicht auf diese Erde gekommen, um anderen Menschen den Sauerstoff wegzuschnaufen.

Was bewegt mich?

Hör einmal hinein in dein Herz, dein Innerstes und finde heraus, was dich wirklich bewegt auf dieser Welt. Welche Probleme anderer Menschen oder Zielgruppen gehen dir besonders nahe. Hast du eine Antwort darauf?

Analyse meiner speziellen Talente und Fähigkeiten

Jeder Mensch hat mehr als ausreichend Talente, um auf dieser Erde damit ein erfülltes Leben gestalten zu können. Vielleicht gab Gott dir ja ganz besondere, spezielle Talente mit. Vielleicht bist du besonders begnadet mit einzigartigen Einblicken in die Herausforderungen anderer Menschen. Wo liegen deine besonderen Fähigkeiten, die dich von anderen Menschen besonders unterscheiden?

Was haben andere Menschen davon, dass es mich gibt?

Wie schon eingangs erwähnt: Diese Frage ändert dein Leben. Wenn du beginnst, dir diese Frage zu stellen, dann wirst du Antworten bekommen, die du bisher nicht hattest. Was ist die Frucht deines Lebens? Warum sollen andere Menschen deine Nähe suchen – freiwillig dir zuhören und das besonders gerne?

Was geht mir von der Hand, was macht mir besondere Freude, was habe ich im kleinen Finger, wobei brauche ich die wenigste Energie, was fließt ganz einfach aus mir raus?

Welche Problemlösungen für welche Zielgruppe gehen dir ganz leicht von der Hand? Was macht dir besondere Freude, wenn du es tun darfst? Arbeit, die wirklich Freude macht, ist keine

Arbeit mehr, sondern Erfüllung. Möchtest du das erleben? Was hast du denn im kleinen Finger? Wofür brauchst du die wenigste Energie, weil es ganz einfach aus dir herausfließt? Hast du dir diese Fragen schon einmal gestellt, oder bist du bisher nur arbeiten gegangen, um Geld zu verdienen, um dabei täglich frustriert zu werden?

Was brennt in meinem Herzen?

Gibt es in deinem Herzen etwas, wofür du richtig brennst? Gibt es etwas in deinem Herzen, was du gerne tun möchtest, auch wenn es kein Geld dafür geben würde?

Was bringt mein Herz zum Hüpfen?

Es ist eine Sache, wofür dein Herz brennt, es ist nochmals eine ganz andere Dimension, ob dein Herz hüpft. Ein hüpfendes Herz reißt dich raus aus deinem Bett am frühen Morgen. Ein hüpfendes Herz bringt auch die Herzen anderer Menschen zum Hüpfen. Stell dir mal vor: In deinem Unternehmen hast du nur Mitarbeiter, deren Herz hüpft für die „Arbeit", die sie tun dürfen. Sag aber nicht jetzt: „Das ist Illusion, das kann ich mir nicht vorstellen." Weil du es dir nicht vorstellen kannst, wird es in deinem Leben bzw. Unternehmen nicht stattfinden. Man erlebt ja immer nur, was man sich auch vorstellen kann. Es geschehe dir, wie DU geglaubt hast, ist ein unumstößliches, geistiges Gesetz.

Wo ist der Unterschied zwischen Träumen, Visionen, Zielen und Wünschen?

Viele Menschen kennen den Unterschied nicht zwischen Träumen, Visionen, Zielen und Wünschen. Den Unterschied muss man verstehen, um das Pferd von der richtigen Seite aufzuzäumen. Aber viele Menschen zäumen das Pferd von hinten auf. Sie beginnen mit dem Erfüllen von Wünschen – und das auf Kredit – und wundern sich, warum sie nie ihre Ziele für ihr Leben erreichen.

Analyse meiner Pfannenjahre – Wie weit bin ich im Entwickeln meiner Genießbarkeit, bin ich schon ein Genuss für andere Menschen – und wobei?

In einem meiner Bücher, mit dem Titel „45plus - die Faszination der zweiten Lebenshälfte", erzähle ich von der großen Bedeutung der Pfannenjahre zwischen dem 25. und 50. Lebensjahr. Du wurdest gebraten, gekocht, gesotten und gegrillt durch die Herausforderungen des Lebens. Oder nicht? Oder bist du ständig aus der Pfanne rausgehüpft, wenn es heiß geworden ist? Dann bist du wahrscheinlich nicht genießbar geworden für andere Menschen. Wenn du aber nicht genießbar bist für andere Menschen, darfst du dich auch nicht wundern, wenn andere Leute deine Nähe nicht suchen. Lies mehr darüber im zuvor genannten Buch (www.umdenk-medien.de).

Wo liegen meine ganz spezifischen „Erfahrungs-Potenziale" aus meiner Vergangenheit, insbesondere hinsichtlich „Was haben andere Menschen davon, dass es mich gibt?"

Du bist durch ein Leben voller Erfahrungen gegangen. Du hast Dinge erlebt, die anderen erspart geblieben sind, und hast Probleme gelöst, von denen andere Menschen gar nicht wissen, dass es diese gibt. Du hast für deine Kunden bzw. Arbeitgeber Problemlösungen entwickelt, die viele Kunden finden würden, wenn du diese nur anbieten würdest. Vielleicht hast du einzigartige Problemlösungen in deiner Schublade, aber dafür noch kein Geschäftsmodell entwickelt.

Was aus mir wird, wenn ich bei dieser Firma arbeite, ist viel wichtiger als die Frage: „Wo kann ich das meiste Geld verdienen?“

Deine Erfahrungen sind einzigartig – ich bin ganz sicher, dass viele Menschen auf dich und deine daraus entstandenen Antworten und Problemlösungen warten.

Mein bisheriges Netzwerk von Menschen und was habe ich von denen gelernt?

Du hast bereits viele Menschen in deinem Leben kennengelernt, vielleicht sogar mehrere Chefs gehabt oder mehrere Geschäftspartner, Mentoren und Leader-Persönlichkeiten, die dein Leben stark beeinflusst haben usw. Hast du dir schon mal die Frage gestellt: „Was hast du dabei wirklich über Menschen gelernt?“ Du hast sicherlich bereits reichlich Erfahrung gesammelt im Umgang mit anderen Menschen – also einen Grundstein gelegt, dich zu einem einzigartigen Menschenspezialisten® zu entwickeln.

Mit diesen Fragen beschäftigen wir uns gemeinsam im Seminar: „Der Menschenspezialist® und seine Talente, Träume, Visionen und Ziele“. Hier ist der Link zu mehr Information: www.menschenspezialist.de.

2. Der Menschenspezialist® und die naturkonforme Strategie

Auf den nächsten Seiten geht es darum, die unumstößlichen Gesetzmäßigkeiten der Natur kennenzulernen mit dem Bewusstsein, dass diese auch für unser persönliches Leben und auch für die wirtschaftlichen Zusammenhänge gelten.

Seit mehr als 35 Jahren halte ich Seminare zum Thema „Die naturkonforme Strategie“ und habe dabei tausende Teilnehmer gehabt. Ich habe dabei viel gelernt. Im Jahre 2002 brachte ich dann das Buch auf den Markt „Die naturkonforme Strategie“. Es ist zum wahren Bestseller geworden. Ich kann wirklich behaupten, dass dieses Thema zu meiner Kernkompetenz gehört.

Viele Menschen behaupten von sich selbst, dass sie ihre eigene Philosophie hätten, und sind sogar stolz drauf. Aber sie kommen im Leben nicht wirklich weiter. Vielleicht ist deine „eigene Philosophie“ dein größter Feind, weil sie nicht im Einklang ist mit den Gesetzen der Natur, des Lebens, des Geistes, des Universums usw.

Wie sagt man so schön: „Wer gegen den Wind pinkelt, darf sich nicht wundern, wenn er nass wird im Gesicht.“

Tatsache ist: Viele Menschen kennen zwar ihre einzigartigen Talente und Fähigkeiten, haben tolle Problemlösungen und Geschäftsmodelle, aber sie kommen im Leben nicht weiter. Sie stehen sich selbst im Weg, weil sie die Gesetze der Schöpfung nicht kennen oder sich nicht daran halten.

Eines ist fix: Sobald ein Mensch seinen gottgegebenen Auftrag mit den göttlichen Gesetzmäßigkeiten in Einklang bringt, beginnen die Dinge zu laufen. Das habe ich oftmals in meinem Leben und auch in meinem Umfeld erlebt.

Die Natur ist erVOLLgreich, Jahr für Jahr, was macht sie richtig?

Ja, die Natur lebt uns vor, wie es funktioniert. Es geht ums Fruchtbringen. Wenn jemand – so wie ich – auf einem Bauernhof aufgewachsen ist, der hat erlebt, wie die Natur arbeitet. Jahr für Jahr. Egal welche Witterungsverhältnisse gerade sind, die Natur hat noch immer gesiegt. Sie ist erVOLLgreich, Jahr für Jahr. Möchtest du wissen, was sie richtig macht?

Was können wir von der Natur lernen?

Die Natur lebt uns Fruchtbarkeit vor. Die Natur lebt uns z. B. vor, dass nur ein Ei, welches von einem Gockelhahn befruchtet wurde, sich auch multiplizieren kann. Womit befruchtest du deine Mitarbeiter? Mit welchem Gedankengut und mit welcher Vision?

Bist du bereit, das befruchtete Ei auch auszubrüten, damit das, was du in die Herzen deiner Mitarbeiter implementierst, auch zum Leben kommt und sich weiter multipliziert? Bist du z. B. nur Chef oder bist du auch der Mentor (Bruthenne) deiner Mitarbeiter? Gute Frage.

Beispiele aus der Natur, die auch im persönlichen Leben gelten

Wie funktioniert das Gesetz von Saat und Ernte im Familienleben, in der Kindererziehung, im Umgang mit Freunden und Feinden?

Was der Mensch sät, das wird er ernten.

Wir haben

zu viele ähnliche Firmen,

die ähnliche Mitarbeiter beschäftigen

mit einer ähnlichen Ausbildung,

die ähnliche Arbeiten durchführen.

Sie haben ähnliche Ideen und

produzieren ähnliche Dinge

zu ähnlichen Preisen

in ähnlicher Qualität.

Wenn du dazugehörst,

wirst du es künftig schwer haben.

Gesetze der Natur, die auch im wirtschaftlichen Leben unumstößlich sind

Von der Natur können wir sehr viel lernen, was auch im wirtschaftlichen Leben unumstößlich ist.

Zum Beispiel auch hier das Gesetz von Saat und Ernte: Die Qualität der Ernte ist abhängig von der Qualität des Samenkorns (deine Problemlösung für deine Kunden). Die Quantität der Ernte ist abhängig von der Qualität des Ackerbodens. Die Herzen deiner Kunden sind der Ackerboden. Wie gehst du damit um? Wie bereitest du die Herzen deiner künftigen Kunden auf?

Das Gleiche gilt für deine Mitarbeiter. Die Worte, die du als Chef/ Leader zu den Mitarbeitern sprichst, sind Samenkörner, die Herzen deiner Mitarbeiter sind der Ackerboden. Wie gehst du damit um? Der Ackerboden kann nur hervorbringen, was vorher gesät wurde. Jedes Wort ist ein Samenkorn und reproduziert ganz nach seiner Art. Eine unumstößliche Wahrheit.

Wie sagt man so schön: „Der Fisch fängt immer beim Kopf zu stinken an." Oder: „Wie der Herr, so das G'scherr." Ich würde mal einfach darüber nachdenken, wenn es in deinem Haus Dinge gibt, die dir gar nicht gefallen.

Wie kann ich aufblühen und Frucht bringen?

Du wirst sicher nicht aufblühen, wenn du jede freie Stunde vor dem Fernseher sitzt und die unmöglichsten „Unkraut-Körner" in dein Herz lässt. Die entscheidende Frage ist: „Welche Samenkörner lässt du in deiner Freizeit in dein Herz und womit düngst du deinen Ackerboden (Herz)?" Diese Gesetzmäßigkeiten gelten nicht nur für die Mitarbeiter, sondern auch für den Chef des Hauses.

Wer die Herzen anderer Menschen zum Hüpfen bringt, braucht sich keine Sorgen um seine Zukunft zu machen.

Der Abhol-Spezialist (Menschenfischer) und der Atmosphäre-Spezialist (Treibhausklima für Menschen schaffen)

Wie bereits erwähnt, ist der Menschenspezialist® sowohl ein Abhol-Spezialist als auch ein Atmosphäre-Spezialist. Jesus sagt: „Ich mache euch zu Menschenfischern." Offensichtlich ist es wichtig, Menschen (Mitarbeiter und Kunden) richtig abzuholen. Aber wie?

Abgeholte „Fische" müssen dann richtig zubereitet werden. In ihre Berufung geführt werden – als Gaumenfreude und Augenweide für den Genießer. Es steht ja bereits im 1. Buch Mose, dass wir sie genießen sollen – die Fische.

Aber genauso will der abgeholte Mensch (Mitarbeiter und Kunde) eine Atmosphäre erleben – in deiner Firma – in der er aufblühen darf/kann, um auch die Frucht bringen zu können, die der Chef von ihm erwartet. Interessante Themen – wir können gemeinsam immer noch viel lernen. Meinst du nicht auch?

Die richtige Positionierung für mein persönliches Leben

Positionierung ist das Kernthema der heutigen Unternehmens-Strategien. Aber die erste Frage ist: „Bin ich als Mensch auf dieser Erde überhaupt richtig positioniert? Stimmt die Richtung, in die ich unterwegs bin?" Sonst kommst du wo an, wo du gar nicht ankommen wolltest.

Die richtige Positionierung für mein Unternehmen

Positionierung ist der Schlüssel für ein Unternehmen. Richtig positioniert und dann darauf fokussiert – führt fast automatisch zum durchschlagenden Erfolg. Die Natur lebt uns auch hier vor, wie das geht. Der Apfelbaum fokussiert auf seine Frucht (Äpfel)

Die Natur ist erfolgreich.
Jahr für Jahr.
Was macht sie richtig?

– Jahr für Jahr – und kommt gar nicht auf den Gedanken, auf einmal Pflaumen rauszudrücken, nur weil deren Preise ein bisschen gestiegen sind.

In Amerika sagt man: „Success is not hocus-pocus, it's about FOCUS!"

Worauf ein Mensch fokussiert, das ist das, was aus ihm wird.

Zu diesem Thema könnte ich dir einige interessante Storys erzählen.

Welche Geschäftsmodelle gibt es, die der Natur nachempfunden sind und daher genauso sicher funktionieren wie die Natur?

Jedes Geschäftsmodell, das sich auf Fruchtbringen für die Zielgruppe fokussiert, entspricht den Gesetzen der Natur.

Es gibt aber Geschäftsmodelle, die total der Natur nachempfunden worden sind: z. B. Franchising. Das Franchisekonzept – eine Fertigexistenz – ist: Ein Franchisegeber gibt dir das Samenkorn (Franchise-Modell), du pflanzt es in deinen regionalen Garten und fokussierst total darauf, in deinem Einzugsbereich die gleiche Frucht hervorzubringen, wie der „Apfelbaum-Besitzer" (Franchisegeber), der dir sein Samenkorn gegeben hat.

Noch naturkonformer aber ist Network-Marketing oder Network-Franchising genannt. Der Unterschied hier ist, dass der Network-Franchisenehmer nicht nur das Samenkorn von der Firma bekommt, sondern es auch weitergeben darf an seine Kunden.

Wenn du mehr dazu wissen möchtest, empfehle ich dir die CD: „Die Natur … Das Vorbild für Network-Marketing". (www.umdenk-medien.de)

Was bedeutet „an den Früchten werdet ihr sie erkennen“ für einen Leader und warum konzentrieren sich die meisten Unternehmer auf den Prozess und nicht auf das Ergebnis?

Ja, leider ist es so, dass wir viele Unternehmer haben, denen der Prozess des Tagesgeschäftes wichtiger ist als die Qualität der „Frucht“, die sie verkaufen möchten.

Das wird zwar keiner gerne zugeben, aber die uns vorgelebten Geschäftsmodelle und das Fach-Studium bilden in uns eher Gedankengebäude des Produktionsablaufes als das Bedürfnis, einzigartige Frucht hervorzubringen, die die Herzen der Endverbraucher (Finanziers des Unternehmens) zum Hüpfen bringt.

Will man aus diesen introvertierten Gedankengebäuden ausbrechen, muss man sich bewusst dafür entscheiden.

3. Der Menschenspezialist® und sein Werte-Fundament

Viele Menschen werden heutzutage wegen ihrer einzigartigen Fach-Kompetenz eingestellt, aber dann mangels persönlicher Integrität bzw. Charakter-Fundament wieder entlassen.

Was nützen dem Menschen drei Doktortitel oder ein einzigartiges Fachwissen, wenn man sich auf ihn nicht verlassen kann, sein Charakter unberechenbar ist oder man seinen Worten nicht glauben kann?

Leider wird bei der Ausbildung der Schwerpunkt fast nur auf die fachlichen Bereiche gelegt und fast nicht auf die menschlichen Bereiche.

Viele Menschen wachsen heutzutage auf, ohne ein Werte-Fundament „mitgeliefert" zu bekommen. Fachlich sind sie top, aber charakterlich oft unberechenbar. Das ist nicht zielführend.

Ich bin Vater von acht Kindern (bisher 18 Enkelkinder) und darf auch hier mitreden: Als Eltern haben wir kein Recht, unseren Kindern zu sagen, was sie mal beruflich machen müssen. Aber wir haben die Verantwortung dafür übernommen, unseren Kindern ein starkes Werte-FUNDAMENT mitzugeben in ihre Zukunft. Welches Haus sie dann darauf bauen, ist dann Sache unserer Kinder, deren ganz persönliche Entscheidung.

Auf welchem Werte-Fundament ein Mensch sein Leben aufbaut, davon hängt ab, wie viel Steh-Vermögen er hat, wenn die Stürme des Lebens kommen.

Ja, die Stürme des Lebens kommen. So wie in der Natur. Die Hurrikans „Harvey" und „Irma" haben uns das vorgezeigt. Die

Willst du ein blühendes Unternehmen haben, müssen deine Mitarbeiter blühen.

Frage ist immer: „Auf welchem Fundament hast du dein Haus gebaut? Dein Lebenshaus?“

Der Baumeister würde nie sagen: „Hier bauen wir ein Hochhaus, aber auf das Fundament verzichten wir. Sieht ja niemand und kostet nur viel Geld.“ Wenn ein Baumeister so denken würde und dann dafür im Badezimmer goldene Armaturen einbaut, wird er trotzdem sein Haus nicht verkaufen können.

Ich war jahrzehntelang im Bauwesen tätig und habe gelernt: An der Tiefe des Fundamentes kann man schon erkennen, wie hoch das Gebäude werden wird. Denke mal darüber nach. Es lohnt sich Fundament zu bauen. Wie tief ist dein Werte-Fundament?

Wer sein Haus auf Sand baut, darf sich nicht wundern, wenn es bei den kleinsten Widrigkeiten schon wieder zu Problemen und negativen Veränderungen kommt. Wer aber sein Haus auf Fels baut, der kann getrost in die Zukunft blicken. Es wird ihn nicht so schnell etwas aus der Bahn werfen oder gar umwerfen.

Das sagt uns schon die Bibel. Jesus hat ganz deutlich darauf hingewiesen, dass wir unser Lebenshaus auf Fels bauen sollen. Er sprach von sich selbst. Wer aber sein Haus auf Sand baut (irgendwelche Philosophien, die gerade modern sind), dem nützen auch drei Doktortitel nicht viel.

Was sind die Werte, von denen abhängig ist, ob ein Mensch ein starkes FUNDAMENT hat oder nicht?

Du kannst sie alle in der Bibel nachlesen. Leider gibt es immer noch viele Menschen, die die Bibel mit einer Religion verbinden. Die Bibel ist aber kein religiöses Buch, sondern das Wort Gottes (Fels). Leider benutzen viele religiöse Gruppierungen die

Wer nicht blüht,
kann keine Frucht bringen.
Wer keine Frucht bringt,
wird sich nicht multiplizieren,
denn das nächste Samenkorn
findest du erst in der Frucht.

Bibel, um ihre oft komischen Lehrmeinungen, Ansichten und Auslegungen usw. damit zu beweisen versuchen.

Hier darf ich auf mein Buch verweisen: „Gott ist nicht religiös und Jesus Christus kein Religionsgründer“ (www.umdenk-medien.de).

Wie steht es heutzutage mit Charakter, Integrität, Loyalität, Verbindlichkeit, Wahrheit usw.?

Leider sind diese Werte in der heutigen Zeit oft verloren gegangen. Viele Menschen können nicht mehr artikulieren, was Charakter wirklich ist, oder was Integrität bedeutet, oder Loyalität ist für viele ein Fremdwort geworden und Wahrheit wird oft als „relativ“ gesehen. Das sind aber jene Fundamente, die jeder ehrliche Unternehmer zu schätzen weiß.

Welche Ausstrahlung brauchst du, damit die Menschen mit Begeisterung deine Nähe suchen, auch wenn du kein Wort sprichst?

Du hast sicherlich schon oft Menschen getroffen, die eine ganz besondere Ausstrahlung haben. Du fühlst dich von dieser Ausstrahlung förmlich angezogen. Bei manchem Menschen ist die Ausstrahlung so stark, dass sich das Leben jener Menschen, die ihm begegnen, schon verändert, obwohl der „strahlende Mensch“ gar kein Wort gesprochen hat. Möchtest du eine solche Ausstrahlung haben? Jeder Mensch kann sie bekommen, wenn er sie nur sucht. Eine starke Aussage, die ich gerne in der Ausbildung zum Menschenspezialisten® beweisen werde. Eines vorweg: Input bestimmt den Output. Das gilt hier ganz besonders.

Growing in Christlikeness (Christus ähnlicher werden) – wie bekomme ich jene Anziehungskraft auf andere Menschen, die uns Jesus vor 2000 Jahren vorgelebt hat?

Ja, das habe ich mir vor 35 Jahren zum Ziel gesetzt: IHM immer ähnlicher zu werden. Eine große Herausforderung. Religion hilft dabei nicht. ER hat sich vor 2000 Jahren sein Team zusammengestellt, sich in zwölf handverlesene, unterschiedlichste „Typen" investiert und daraus entstand eine weltumspannende Bewegung mit Millionen von Menschen. Leider verwechseln immer noch die meisten Menschen das Reich Gottes mit Religion oder meinen gar das sei das Gleiche.

Die 10 Rules von Wal-Mart – das „Arbeitnehmer-reichste" Unternehmen der Welt, gegründet von einem „Naturburschen" aus dem mittleren Westen. Hier kannst du sehen, wie einfach alles wäre, wenn man ein Unternehmen „mitarbeiter-orientiert" führt.

Wal-Mart, das größte Unternehmen der Welt mit weit über 2.000.000 Mitarbeitern. Sam Walton hat es 1962 mit dem ersten Supermarkt gestartet und heute hat Wal-Mart über 10.000 Supermärkte weltweit. Ich habe 18 Jahre lang – von 1986 bis 2004 – als Wirtschaftsjournalist in den USA das Unternehmen und vor allem seinen Gründer Sam Walton beobachtet, seine Werte studiert und die Auswirkungen erlebt. Sam ist 1992 gestorben, er hat seine Vision und seine Werte in die nächste Generation investiert. Daher hat sich das Unternehmen auch nach seinem Tod bis 2004 noch verzehnfacht. Das heutige Management von Wal-Mart hat Sam nicht mehr persönlich erlebt, daher ist Wal-Mart mittlerweile auch ein „normaler Konzern" geworden – leider. Aber immer noch besser als seine Mitbewerber.

8 der 10 Rules, die Sam Walton aufgestellt hat, haben mit Menschen im Unternehmen zu tun. Daraus können wir viel lernen.

Die Werte-Unterschiede von ABC-Mitarbeitern

Mein Freund und Kollege Prof. Dr. Jörg Knoblauch ist der Spezialist für dieses Thema im deutschsprachigen Raum.

A-Mitarbeiter sind Mut-Macher.

B-Mitarbeiter sind Mit-Macher.

C-Mitarbeiter sind Mies-Macher.

Jeder gesunde Unternehmer wünscht sich nur A-Mitarbeiter. Wie schaut diese Aufteilung in deinem Unternehmen aus?

Was erleben die Menschen, wenn du deinen Mund öffnest? Davon hängt ab, ob sie deine Nähe mit Begeisterung wieder suchen oder nicht.

4. Der Menschenspezialist® und die visionäre Unternehmensführung/ visionäre Leadership

Wie kommen wir zurecht mit der Aufgabe, uns anvertraute Menschen zu führen? Nicht zu managen. Menschen kann man nicht managen, sie wollen geführt werden.

Wie kommen wir zurecht mit der Herausforderung, diese Menschen auch noch in ihre Berufung und in die Blüte zu führen?

Wie kommen wir zurecht mit dem gottgegebenen Auftrag, diese Menschen auch noch in die Multiplikation (Fruchtbarkeit) zu begleiten?

Wenn du ein blühendes Unternehmen haben möchtest, müssen deine Mitarbeiter blühen. Wenn deine Mitarbeiter nicht blühen, hast du kein Recht von ihnen auch „Frucht" zu erwarten. Was nicht blüht, kann keine Frucht bringen. Das hat mein Vater – ein Landwirt – uns schon gesagt. Wie bringe ich aber meine Mitarbeiter zum Blühen?

Unternehmertum ist Erwachsenenbildung. Wer das noch nicht erkannt hat, sollte nicht Unternehmer werden.

Warum sind so viele Mitarbeiter nicht in der Lage, ihre Talente freizusetzen? Sie gehen einfach in die Arbeit und kommen abends frustriert nach Hause. Warum wohl?

Das ist ganz einfach: Weil die meisten Chefs prozess-orientiert denken und nicht talente-orientiert. Es gibt sogar Chefs, die fragen ihre Mitarbeiter nie danach, welche besonderen Talente sie denn mitbringen. Die größten stillen Reserven des

Landes liegen in den ungenutzten Talenten der Mitarbeiter – einzigartige Schatztruhen. Täglich fahren in Deutschland Millionen solcher Schatztruhen in die Arbeit und abends ungeöffnet zurück. Das nur deswegen, weil der Chef keinen Schlüssel für diese Schatztruhen hat oder seine Mitarbeiter gar nicht als Schatztruhen erkennt. Visionäre Leadership ist dieser Schlüssel, der die Schatztruhen der Mitarbeiter aufschließt.

Die Zukunft gehört den Menschenspezialisten®, WARUM?

Es geht um Menschen auf dieser Welt, nicht um Geld. Das Geld läuft doch automatisch denen nach, denen die Menschen – sprich Talente und Kunden – nachlaufen. Deine Kunden sind die einzigen Menschen, die dir Geld bringen, das du nie zurückzahlen musst. Wenn Kunden dir nachlaufen, läuft dir das Geld nach.

Was können wir vom größten Leader aller Zeiten (Jesus Christus) in diesem Bereich lernen?

Seine Leadership-Prinzipien überdauern alle Zeiten und Entwicklungen bis zum heutigen Tag – und in alle Ewigkeit. Wer sich den größten Leader aller Zeiten bezüglich Leadership zum Vorbild nimmt, kann nicht verlieren.

Religiöse Leiter halten sich meist nicht daran, daher gibt es ja so viele Kriege und Konflikte – auch in angeblich christlich geführten Firmen. Das Problem ist: Jesus ist nicht und war nie ein religiöser Führer, er IST der Begründer des Reiches Gottes. Das ist eine ganz andere Dimension, die viele Menschen noch nicht verstanden haben.

Mit welcher Vision möchtest du deine Mitarbeiter führen?

Wenn deine Vision egoistisch ist, werden deine Mitarbeiter sich auf Dauer nicht von dir führen lassen. Wer folgt schon gerne einem Egoisten?

Wenn deine Vision jedoch die Herzen deiner Mitarbeiter zum Hüpfen bringt, dann brauchst du dir keine Sorgen um deine Zukunft machen. Wal-Mart war dafür immer ein einzigartiges Beispiel. Im konkurrenzträchtigen Supermarkt-Geschäft Weltmarktführer zu werden, kann man nicht mit egoistischem Denken. Bei Sam Walton stand immer der Mensch im Vordergrund seines Denkens und Handelns und die Frage: „Wie können wir unseren Kunden das Leben so einfach wie möglich machen?"

Mit welcher Vision möchtest du deine Kunden führen?

Was haben deine Kunden von deiner Vision? Die Zukunft gehört jenen Unternehmern, die eine Endverbraucher-Vision haben. Der Endverbraucher ist der Finanzier des Unternehmens, nicht die Bank und auch nicht der Händler deiner Produkte und Dienstleistungen. Hast du schon eine Endverbraucher-Vision?

Wenn die Endverbraucher beginnen, für deine Vision zu arbeiten (Empfehlungsmarketing heißt: Der Endverbraucher ist so begeistert von dir und deinem Angebot und der Begegnung mit deinen Mitarbeitern, dass er den Mund nicht halten kann.), dann ist deine Zukunft wahrlich gesichert.

Der entscheidende Unterschied zwischen Management und Leadership – Management frustriert, Leadership begeistert

Ja, viele Unternehmer in Deutschland verwechseln immer noch Leadership mit Management. Das sind zwei verschiedene Dinge:

Wer sein Haus auf Sand baut, darf sich nicht wundern, wenn die Stürme des Lebens es schnell wieder zerstören. Wie stabil ist dein „Werte-Fundament“?

Leadership ist das Betriebssystem, Management ist die Software, die das Geschäft verarbeitet.

Management verbindet die Hirne der Menschen miteinander, eine meist staubtrockene Sache.

Leadership verbindet die Herzen der Menschen miteinander. Wo Herzen miteinander verbunden werden, fließt lebendiges Wasser. Wo lebendiges Wasser fließt, blühen die Menschen auf. Wo Menschen aufblühen, gibt es Frucht. Wo es Frucht gibt, gibt es auch Multiplikation.

Der Leadership-Test aus meiner Sicht – Wie sehen mich meine Mitarbeiter als ihren Leader?

Hier haben wir in der Menschenspezialist®-Ausbildung 56 Fragen für dich vorbereitet. Du wirst dich wundern, was da rauskommt.

Leadership-Prinzipien, die zum sicheren Erfolg führen

Kennst du die Prinzipien echter Leadership?

Die meisten kennen nur Management-Prinzipien und wundern sich, warum diese nicht funktionieren, wenn es um die Führung von Menschen geht.

Wie erkenne ich das Leadership-Potenzial in meinen Mitarbeitern?

25 Fragen stellen wir uns und finden so heraus, in welchem meiner Mitarbeiter das Potenzial steckt für einen zukünftigen Leader oder einen 2. Mann im Unternehmen, der mir als Unternehmer das Leben wesentlich leichter macht.

**Wenn du Mitarbeiter einstellst,
die bisher alles richtig gemacht
haben, noch keine Fehler
gemacht haben und meinen,
alles besser zu können,
wird dies eine teure
Angelegenheit für dich.
Die Frage ist nämlich immer:
„Wer zahlt das Lehrgeld?“**

Der Weg vom Menschenspezialist® zum visionären Leader

Dieser Weg ist ein Prozess, der mit einer Entscheidung beginnt: sich künftig viel mehr mit dem Thema Leadership zu beschäftigen.

Seit 35 Jahren beschäftige ich mich intensiv mit dem Thema Leadership und habe dazu in den 80er Jahren ein amerikanisches College besucht (und graduiert), über 100 amerikanische Mittelständler analysiert, um herauszufinden, wie sie denken und wie sie handeln. Und ich habe dabei immens viel gelernt. „Hire and fire" gibt es nur in den Konzernen, aber der echte amerikanische Mittelständler als Leader versteht sich als Hirte für seine ihm anvertraute Herde (Mitarbeiter und Kunden).

Warum müssen Leader Menschenspezialisten® sein?

Fach-Know-how alleine reicht für das Führen von Menschen nicht aus. Wo es nur Fachwissen gibt, werden Menschen sehr schnell frustriert. Echte menschliche Fähigkeiten (aus dem Herzen) sind der Engpass in den heutigen Chefetagen.

Fachwissen kann man einkaufen, Weisheit kann man nicht kaufen. Management kann man delegieren. Leadership nicht.

Menschen kann man nicht managen, Menschen wollen geführt werden. Mit welcher Vision führst du deine Mitarbeiter?

5. Der Menschenspezialist® und seine Menschenkenntnis

Menschenkenntnis ist etwas, das man durch praktische Erfahrung im Umgang mit Menschen lernen kann. Ich glaube nicht, dass man Menschenkenntnis studieren kann – ohne Praxis – und ich glaube schon gar nicht, dass man Menschenkenntnis kaufen kann. Du hast vielleicht einen Psychologen, der in deiner Personalabteilung arbeitet, aber ein Psychologe ist nicht unbedingt auch ein Menschenspezialist®, der sich bei Menschen wirklich auskennt.

Du hast vielleicht einen Personalchef oder Mitarbeiter in der Personal-Abteilung, der sich eine gute Menschenkenntnis über die Jahre erworben hat, aber er wird die Menschen immer von seiner Warte aus beurteilen. Das bedeutet nicht automatisch, dass dieser Mitarbeiter auch zu dir als Chef passt.

Daher ist es meiner Überzeugung nach für jeden Unternehmer sehr wichtig, sich selbst zumindest Menschenkenntnis zu erwerben und sich immer mehr zum Menschenspezialisten® zu entwickeln. Menschenkenntnis hat viel mit Weisheit zu tun. Nochmals: Wissen (Know-how) kann man einkaufen, Weisheit nicht.

Menschenkenntnis ist sehr wichtig, wenn es um die Einstellung neuer Mitarbeiter geht. Wie oft wird ein Mitarbeiter eingestellt, weil er einem sympathisch ist oder er besondere Fähigkeiten oder Beziehungen mitbringt? Aber wenn das das Einzige ist, was ihn auszeichnet, ist die Wahrscheinlichkeit groß, dass dieser neue Mitarbeiter im menschlichen Bereich „Schwächen" hat, die oft zu nicht vorhersehbaren Konflikten führen. Ich habe alle diese Fehler selbst gemacht über die Jahrzehnte und dabei viel dazugelernt.

Jede Fehlbesetzung kostet eine Menge Geld und viel Zeit und bringt viel Ärger. Das wirft ein Unternehmen oft um Monate oder Jahre zurück, wenn es um ein bestimmtes Projekt oder eine Veränderung geht, die gemacht werden muss, um das Unternehmen für die Zukunft abzusichern.

Menschenkenntnis gehört zu den wichtigsten Fähigkeiten eines Menschenspezialisten®

So ist es, und daher müssen wir uns als Leader mit diesem Thema auch intensiv beschäftigen. Menschenkenntnis – sich selbst und andere Menschen besser kennenlernen zu können, ist die Grundvoraussetzung dafür, sich und andere Menschen, die man auf dem Weg kennenlernt, auch besser einzuschätzen und zu führen.

Wie tickt mein Gegenüber und wie soll ich mit ihm kommunizieren, damit wir uns richtig verstehen?

Ja, es gibt die unterschiedlichsten Persönlichkeiten und Persönlichkeits-Profile. Der eine redet gerne Details, der andere will nur Headlines kommunizieren. Der eine ist immer gleich Feuer und Flamme für alles Neue, der andere will zuerst prüfen und überlegen, bevor er eine Entscheidung trifft. Woran erkennt man das? Denn, um ein erfolgreiches Gespräch führen zu können, muss ich die Fähigkeit besitzen, mich auf die Persönlichkeit des anderen einzustellen.

Hier gibt es einige sehr effektive Tools am Markt, die ein Menschenspezialist® kennen und anwenden sollte, damit er sich oft teure Fehler ersparen kann. Gerade bei der Auswahl (Rekrutierung) und bei der richtigen Behandlung von Mitarbeitern und Geschäftspartnern ist das wichtig.

Ja, so ist es. Die Umdenk-Akademie® arbeitet mit verschiedenen Spezialisten zusammen, die auf diesem Gebiet ihre Kernkompetenz haben. Auch Tools für die effektive Rekrutierung von A-Mitarbeitern sind am Markt – bei unseren Kooperationspartnern – verfügbar.

Welcher Persönlichkeits-Typ steht vor mir? Gehört er eher zu den Roten/Gelben/Grünen oder den Blauen? Wie muss ich mit ihm kommunizieren, damit wir uns verstehen?

Auch in diesem Thema arbeiten wir mit externen Trainern zusammen, um den Kunden der Umdenk-Akademie® das beste Know-how bieten zu können. Es ist sehr wichtig, Menschen bereits bei der ersten Begegnung richtig einschätzen zu können, welchem Kommunikationsstil dieser am ehesten entspricht. Neue Menschen, denen du begegnest, wollen weder gelangweilt noch überfordert werden. Daher ist es so wichtig, immer mehr Menschenkenntnis zu gewinnen.

Der Fokus eines Firmenchefs gehört seinen Mitarbeitern, genauso wie ein Fußballtrainer sich auf seine Spieler fokussiert und damit ein Team baut, das gelernt hat zu siegen.
Wenn dein Team Spitzenleistungen erbringt, füllen sich deine Auftragsbücher genauso von selbst, wie sich das Stadion von selbst füllt, wenn die Mannschaft von Sieg zu Sieg läuft.

6. Der Menschenspezialist® und die 25 Teambaugesetze

Ein hocheffektives und effizientes Team zu bauen, ist eine der größten Herausforderungen für einen Unternehmer. Wem das gelingt, der wird immer freier werden und wird immer mehr Zeit finden für die wirklich wichtigen Leadership-Themen in seinem Unternehmen.

Viele Unternehmer sind so stark mit Kunden beschäftigt und den damit verbundenen fachlichen Herausforderungen, dass sie keine Zeit mehr für ihre Mitarbeiter haben, geschweige denn Zeit, ein TEAM zu bauen, das in der Lage ist, am Kampffeld der freien Marktwirtschaft zu gewinnen.

Vielen Unternehmern, ganz besonders im handwerklichen Bereich, fehlt der sprichwörtlich 2. Mann (oder Frau), der das Unternehmen im Tagesgeschäft im Griff hat und dem Chef den Rücken freihält für die wirklich wichtigen Dinge der Unternehmensführung. Positionierung, Strategie und vor allem visionäre Leadership sind die zentralen Themen eines Geschäftsführers.

In manchen Firmen ist dieser 2. Mann die Frau des Unternehmers. Aber das hat den Nachteil, dass es dann so gut wie nie möglich ist, gemeinsam wirklich einen ausgedehnten Urlaub zu genießen, sich gemeinsam zu regenerieren und das Leben zu genießen. „Leisten könnten wir es uns ja", sagte mal eine Unternehmerfrau zu mir, „aber wir können doch nicht gemeinsam wegfahren, wir wissen ja dann nicht, was im Haus geschieht."

Also, das bedeutet: Wenn schon mal Urlaub, dann noch einen mit viel sorgenvollen Gedanken an Zuhause. Das kann doch nicht der Sinn des Unternehmer-Daseins sein.

Also Team-Bau und evtl. ein kompetenter 2. Mann im Haus würde viele – auch persönliche – Probleme lösen.

Was heißt „mitarbeiter-orientierte" Unternehmensführung wirklich?

Mitarbeiter-orientierte Unternehmensführung heißt: Fokus auf das beste Team im Haus und nicht auf die Kunden. Denn wer das beste Team hat, gewinnt am Kampffeld der freien Marktwirtschaft automatisch. Das ist so wie im Fußball. Der Trainer konzentriert sich nicht auf die Zuschauer (Kunden), sondern auf das Team. Er hat die Fähigkeit, die Talente richtig miteinander zu verbinden, richtig aufzustellen, aufeinander abzustimmen und so stark zusammenzuschweißen, dass Egoismus am Platz keinen Raum mehr bekommt.

So sollte das auch in deinem Unternehmen sein. FOKUS auf das beste Team. Die Gesetzmäßigkeiten sind die Gleichen. Wenn das Team Spitzenleistungen erbringt, füllt sich das Stadion von selbst, wenn dein Team Spitzenleistungen erbringt, füllen sich die Auftragsbücher von selbst.

Der Unterschied zwischen einem visionären Leader und einem operativen Leader

In klein- und mittelständischen Betrieben ist es am besten, wenn der Chef ein operativer Leader ist. Er hat eine klare, starke Vision, mit der er die Mitarbeiter führt und über die er so oft wie möglich spricht. Er hat aber auch gleichzeitig die Fähigkeit, das Tagesgeschäft im Auge zu behalten.

Was muss ich als Leader tun, können oder wissen, damit die besten Talente der Branche bei mir arbeiten möchten und nicht bei einem Mitbewerber?

Die besten Talente der Branche suchen einen Arbeitgeber, der ihnen eine Plattform bietet, auf der sie sich selbst weiterentwickeln können. Sie suchen einen Chef, der eine Atmosphäre des Wachstums bietet. Sie suchen einen Arbeitsplatz, an dem sie nicht nur ihre Arbeit zu tun haben, sondern auch Verantwortung übernehmen dürfen.

Sie suchen einen Chef, mit dem sie im gegenseitigen Vertrauen mit hüpfendem Herzen täglich zusammenarbeiten dürfen und auch können.

Die 25 Teambaugesetze. Gesetze des Geistes, die sich automatisch auswirken auf die Leistung, die Effektivität und die Effizienz eines Teams. Mit welcher Vision führst du deine Mitarbeiter?

Das erst Teambaugesetz ist: Mit welcher Vision führst du deine Mitarbeiter? Wem dient die Vision? Ist die Vision größer als der Chef und größer als alle Beteiligten?

Wenn ja, dann wird es für die wirklich guten Leute interessant.

Wenn nein, dann werden die besten Talente dein Unternehmen verlassen. Sie möchten nämlich mehr erreichen und vor allem mehr erleben, als in deinem Unternehmen möglich ist.

Die 12 Schlüssel-Werte für den gemeinsamen ErVOLLg
Die 12 Schlüssel-Faktoren für den individuellen ErVOLLg

Wenn du mit einem Team auf gleicher Ebene effektiv zusammenarbeiten möchtest, dann braucht es klare Spielregeln.

Sie gelten für jede Branche in gleicher Weise, weil jedes Business ein People-Business ist, würde der Amerikaner sagen.

Wir werden diese Werte und Faktoren gemeinsam besprechen.

Wie kann ich das WISSEN der Jugend mit der WEISHEIT des Alters am besten miteinander verbinden und das auf einem WERTE-Fundament, das ausgesprochen stabil und fruchtbar ist? Das führt dann automatisch zu Wachstum und qualitatives Wachstum führt automatisch zu Wohlstand.

Das ist die Herausforderung für unsere Zukunft. Die Jugend von heute hat wesentlich mehr Wissen als wir „älteren" Herrschaften. Was der Jugend aber fehlt, ist Weisheit. Die bringen wir ein. Wenn dann auch noch das Werte-Fundament stimmt, dann gibt es automatisch Wachstum und dieses Wachstum führt zu Wohlstand (Fruchtbarkeit).

Die Herausforderung der Zukunft heißt hier: Wie kann ich Jung und Alt miteinander richtig verbinden?

Wie viel Geld wird in meinem Unternehmen – an Lohnkosten – beim Fenster rausgeworfen und warum? Wo liegen die Ursachen? Wie funktioniert der Energie-Schöpfungs-Potenzial-Test (ESP)?

Jeder Teilnehmer wird im Seminar 60 Fragen beantworten und so feststellen, wie viel Geld das Unternehmen beim Fenster rausschmeißt, nur weil es noch kein Team gibt, das wirklich aufeinander abgestimmt ist, und die wesentlichen Eckpunkte eines effektiven Unternehmens fehlen.

In jedem Unternehmen werden mindestens 25 bis 30 % der Personalkosten verbrannt. Rechne dir mal aus, wie viel Geld das in deinem Unternehmen ist. Wo sind bei dir hier die richtigen Ansatzpunkte?

Wo liegen in meinem Unternehmen die größten Engpässe, wenn es darum geht, das Unternehmen in die richtige Richtung zu führen. Wie kann ich das erkennen? Der Leadership-Test aus der Sicht meiner Mitarbeiter

Wenn du wirklich wissen möchtest, wo der Engpass ist, dann lass doch mal deine Mitarbeiter den Leadership-Test und den Energie-Schöpfungs-Potenzial-Test machen. Du wirst dich wundern. Einer unserer lizenzierten Umdenk-Trainer® hilft dir gerne dabei.

Wenn du nicht
vergessen werden möchtest,
nachdem du gestorben bist,
musst du entweder
Dinge schreiben,
die es wert sind
gelesen zu werden,
oder du musst Dinge tun,
die es wert sind
geschrieben zu werden.

7. Der Menschenspezialist® und seine Botschaft

Jeder Mensch IST eine Botschaft, alleine schon durch sein Auftreten, sein Benehmen, sein Umgang mit anderen Menschen usw. Die Frage aber ist: Warum sollen andere Menschen – insbesondere deine chancenreichste Zielgruppe – gerade dir zuhören?

WAS IST DEINE BOTSCHAFT, wenn du den Mund öffnest?

Bist du ein interessanter Gesprächspartner? Wofür stehst du?

„Soll ich sogar ein Buch schreiben?“, fragte mich kürzlich jemand. Wer ein Buch geschrieben hat, ist erstens nie mehr derselbe (es verändert dich) und zweitens gewinnt er sofort bei seiner Zielgruppe einen gewissen Experten-Status, der dafür sorgt, dass andere Menschen seine Nähe suchen.

Nochmals:

Was ist deine Botschaft für deine Zielgruppe?

Wofür stehst du?

Was wird aus den Menschen, die dir zuhören?

Ist deine Botschaft langweilig oder hoch inspirierend, lebendig und voller Power?

Wie viel Anziehungskraft hat deine Botschaft auf andere Menschen?

Wie soll sie strukturiert sein, damit daraus vielleicht sogar ein Vortrag werden kann, oder gar ein Buch?

Ich bin seit fast 40 Jahren Sprecher, Vortragender, Autor und Verleger und habe selbst mehr als 30 Bücher geschrieben und selbst auf den Markt gebracht mit mehr als einer halben Million Exemplaren. Ich weiß, wie es geht und wovon ich spreche. Und ich gebe mein Know-how gerne weiter.

Dieses Seminar-Modul fasst zusammen, wer du bist, was aus dir geworden ist und welche Botschaft du den Menschen bringst.

Was würdest du heute antworten, wenn ich dich fragen würde: „Was ist deine Botschaft?“ Was würden die Menschen um dich herum antworten, wenn ich sie fragen würde: „Was ist die Botschaft deines Chefs oder von Herrn/Frau soundso?“

Wenn deine Botschaft die Herzen der Menschen um dich herum zum Hüpfen bringt, dann ist deine Zukunft gesichert.

Trends und Entwicklungen auf die wir uns einstellen sollten

Der größte Engpass in Deutschland: Frauen in Leadership

Ich bin ein Mann (und ich bin mir sicher). Ich habe in meiner jahrzehntelangen Laufbahn viele Unternehmer und Manager erlebt. Aber eines ist gewiss: Frauen sind meist die besseren Leader – wenn man sie ranlässt.

Und zwar aus einem Grund:

Warum Frauen im Business sehr oft erfolgreicher sind als Männer, liegt darin, dass Frauen von Natur aus auf den Aufbau von langfristigen Beziehungen aus sind und Männer, von Natur aus gerne das single Erlebnis – und das schnelle Ergebnis – suchen.

Das gilt sowohl im Führen von Mitarbeitern als auch im Aufbau von Stammkunden.

Immer mehr Frauen sind dabei uns das zu beweisen.

Ein Menschenspezialist®

hat diese Fähigkeiten:

Menschen ABHOLEN

(wo sie sind)

Menschen ANNEHMEN

(wie sie sind)

Menschen AUSBILDEN

(für ihre Aufgabe und Verantwortung)

ATMOSPÄHRE schaffen,

die

AUFBLÜHEN möglich macht.

Viele verwechseln immer noch Management und Leadership - der entscheidende Unterschied

Hier muss es einen Ruck geben im Denken vieler Unternehmer. Leadership ist Betriebssystem, Management ist Software (Verarbeitung). Management verbindet die Hirne der Menschen miteinander, Leadership verbindet die Herzen der Menschen miteinander. Eine ganz andere Dimension.

Wenn jemand Betriebssystem und Software – beim Computer – nicht auseinanderhalten kann, darf er sich nicht wundern, wenn der Output seines Computers nicht wirklich brauchbar ist.

Wenn jemand Leadership und Management nicht auseinanderhalten kann, darf er sich nicht wundern, wenn sein Unternehmen nicht jenen Output bringt, den er gerne sehen möchte.

Es gibt Menschen, die können – beim Menschen – Geist und Seele nicht auseinanderhalten und sich wundern, warum es in ihrem Leben oft drunter und drüber geht. Der Mensch IST Geist, HAT eine Seele und wohnt in einem Körper. Der Körper braucht die richtige Nahrung, um gesund zu bleiben. Die Seele braucht die richtige Nahrung, um klar denken, fühlen und handeln zu können. Der Geist braucht die richtige Nahrung, um STARK zu bleiben, klare Ent-Scheidungen zu treffen und über den Dingen zu stehen. Wenn du das nicht auseinanderhalten kannst, dann weißt du auch nicht, was du womit „füttern“ sollst oder nicht darfst. Ein hochinteressantes Thema, das ein Menschenspezialist® verstehen sollte.

Hast du einen sehr guten „2. Mann", dann kannst du auch öfters auf Urlaub fahren. Macht doch Sinn, oder?

Jeder Unternehmer braucht künftig einen „2. Mann", wenn er wirklich aus seinem Hamsterrad rauskommen möchte

Der kompetente „2. Mann" (darf auch gerne eine Frau sein) im Unternehmen wird für viele Unternehmer immer wichtiger.

Dieser Trend muss sich unbedingt fortsetzen, diesen „2. Mann" aufzubauen, zu installieren und ihn mit den nötigen Vollmachten auszustatten. Sonst sind unsere Nachkommen nicht mehr bereit unsere Firmen zu übernehmen, weil sie sagen: „Vater, so wie du gelebt hast, möchte ich nicht leben: Dauerstress, ständig urlaubsreif ohne Urlaub genießen zu können, keine Zeit für Weiterbildung und wertvolle Beziehungen zu pflegen usw." Deswegen haben auch heute schon viele Handwerker und KMUs Nachfolge-Probleme.

Wenn der Unternehmer selbst ein Menschenspezialist® und visionärer Leader ist, dann sollte er für das Tagesgeschäft diesen „2. Mann" aufbauen.

Wenn der Unternehmer selbst ein starker, kompetenter Fachmann ist, aber im motivatorischen Bereich „Schwachstellen" hat, dann ist es vorteilhaft, als „2. Mann" einen Menschenspezialisten® aufzubauen, der die Fähigkeit besitzt, ein starkes Team zu bauen und das Team auch zusammenzuhalten.

Vergiss nicht:
Die Jahre zwischen 50 und 80
sind 30 Jahre.
Genauso lange 30 Jahre wie
zwischen 20 und 50.
Du kannst daher noch
viel bewegen in deiner
zweiten Lebenshälfte.

Die gewaltigen Chancen der 45plus-Generation und die Faszination der zweiten Lebenshälfte

Die Menschen leben heutzutage um einiges länger als noch vor der Jahrtausendwende.

Es kann nicht sein, dass wir einen 60-Jährigen in Rente schicken und dann dazu verdonnern aufs Sterben zu warten. Heutzutage sind die meisten 80-jährigen noch fit und auch im Kopf gesund. Wir dürfen auch nicht vergessen, dass die Jahre zwischen 50 und 80 genauso lange 30 Jahre sind wie zwischen 20 und 50.

Du bist jetzt z. B. 50: Wenn du zurückschaust, was du die letzten 30 Jahre bewegt hast und jetzt in die Zukunft schaust und nochmals 30 Jahre vor dir hast – genauso lange 30 Jahre wie zwischen 20 und 50 – dann wird dir sicherlich klar, dass du in Zukunft noch viel mehr bewegen kannst, als du bisher bewegt hast. Du hast ja auch mit 50 eine ganz andere Ausgangsbasis, als du mit 20 gehabt hast, oder?

Die Herausforderung der Zukunft wird sein, die jungen Menschen mit ihrem heute aktuellen Wissen mit den Menschen über 60 richtig miteinander zu verbinden. Das Wissen der Jugend mit der Weisheit des Alters miteinander zu verbinden auf einem Werte-Fundament, von dem wir wissen, dass es höchst fruchtbar und tragfähig ist, führt nämlich zu Wachstum und Wachstum führt automatisch zu Wohlstand (Fruchtbarkeit).

Wenn du möchtest, kann ich es auch so formulieren:

Wir „analogen Menschen“ jenseits von 60 müssen lernen uns mit den „digitalen Menschen“, den 20- bis 30-Jährigen, richtig miteinander zu verbinden. Wir müssen fragen, wie wir Analogen

Weise Unternehmer machen jene Menschen zu Freunden, denen sie ihren Erfolg verdanken. Wenn du deine besten Talente nicht zu deinen Freunden machst, kann es schnell passieren, dass dein Mitbewerber deine besten Talente zu seinen Freunden macht. Dann ist es nur mehr eine Frage der Zeit, bis deine besten Leute nicht mehr bei dir arbeiten, sondern bei deiner Konkurrenz.

den Digitalen dienen können und die Jugend muss sich fragen, wie sie als Digitale uns Analogen dienen kann. Wenn wir das schaffen, dann entsteht eine Power, die dieses „Welt-System“ bisher noch nicht gekannt hat. Die jungen Menschen brauchen ganz sicher etwas von uns, was man erst im Laufe eines aktiven, intensiven Lebens lernen kann: Weisheit, Erfahrung, Orientierung und vieles mehr.

Lebst du die Goldene Regel?

Du kennst sicher die Goldene Regel für ein erfülltes, erfolgreiches Leben. Sie steht in der Bibel. Wenn du danach handelst, wirst du viele Freunde gewinnen und behalten:

„Was du nicht willst, dass man dir tu, das füg auch keinem anderen zu.“

Oder:

„Was du möchtest, dass man dir tu, das tue du zuerst anderen Menschen.“ (Saat und Ernte)

Es ist so einfach.

**Bist du eher ein Mut-Macher,
ein Angst-Macher oder
gar ein Mies-Macher?
Davon hängt deine Zukunft ab.**

High-Tech und High-Touch - die effektive Verbindung miteinander

Vor 20 Jahren wurde versucht, uns einzureden, dass eines Tages alles nur mehr übers Internet gehen wird. Keine Seminare mehr, keine Messen mehr, keine Konferenzen mehr usw.

Ich habe schon in einem meiner Bücher vor fast 20 Jahren vorausgesagt, dass das nicht sein wird, auch wenn das Internet vieles vermag. Der Mensch sehnt sich nach persönlichen Begegnungen, persönlichen Beziehungen, Berührungen, sich gegenüber zu sitzen und einfach gemeinsam zu genießen usw.

Man sieht es ja bereits:

Das Bedürfnis der Menschen nach TOUCH (persönliche Berührung, Begegnung ...) ist nicht weniger geworden, sondern eher mehr. Lieben übers Internet geht nicht. Der Mensch sehnt sich nach Liebe und persönlicher Anerkennung, aber nicht via Internet, sondern in der direkten, persönlichen Begegnung.

High-Tech-Menschen haben sicherlich eine große Zukunft.

Wenn du aber über die Jahre ein erfahrener High-Touch-Mensch (Menschenspezialist® von Herzen) geworden bist, wirst du immer eine viel größere Attraktivität und damit Anziehungskraft auf Menschen haben, als wenn du nur am Rechner sitzt.

Also auch für uns „älteren, analogen Herrschaften“ ist die Zukunft gesichert, wenn wir uns richtig als High-Touch-Menschen positioniert haben.

Wir brauchen wieder mehr MUTIGE Menschen

10 Entschlossene Menschen bewegen viel mehr als 1000 Menschen, die nur interessiert sind. Die Menschen von heute interessieren sich für so vieles. Man hat via Internet ganz schnell viele interessierte Menschen für ein Thema – aber deswegen passiert noch nicht viel. Interesse alleine macht noch nicht mutig. Interessiert zu sein an vielen verschiedenen Themen, bringt verwirrte Menschen hervor, ohne Fokus, ohne Leidenschaft, ohne konsequenten Einsatz, ohne Mut zum Risiko.

Jesus wusste, warum er sich in zwölf Apostel investierte – und das drei Jahre lang. Er hätte sich auch sonnen können in der Menge von vielen tausenden Menschen, die an seiner Botschaft interessiert waren. Applaus war ihm sicher. Sich baden im Applaus, war aber nicht seine Sache. Jesus wusste, dass zwölf Apostel mit einem mutigen, hingegebenen Herzen und einer klaren Entscheidung in der Lage sind, die Welt zu erobern. ER lebt es uns vor. HE did it. Just do it.

Die Menschen, die deine Zukunft sicherstellen, sollst du zu Freunden machen

Sogenannte Stamm-Kunden stellen deine Zukunft sicher. Diese zu deinen Freunden zu machen, wird mehr denn je wichtig, um deine Kundenbasis bewahren zu können. Denn, wenn ich meine Kunden nicht zu meinen Freunden mache, macht meine Konkurrenz meine Kunden zu ihren Freunden. Und wenn meine Konkurrenz meine Kunden zu ihren Freunden gemacht hat, habe ich diese als Kunden bald verloren.

Dasselbe gilt für Mitarbeiter und Talente.

Wenn du deine besten Mitarbeiter nicht zu deinen Freunden machst, wird eines Tages dein Mitbewerber deine besten Mitarbeiter zu seinen Freunden machen. Dann kommt der Tag sehr bald, wo deine besten Leute nicht mehr bei dir arbeiten, sondern bei ihren Freunden - dem Mitbewerber.

Persönliche Beziehungen werden künftig eine noch größere Bedeutung haben als in der Vergangenheit. Da das Vertrauen der Menschen zueinander bzw. untereinander auch aufgrund zunehmender Schnelligkeit in der Kommunikation weiter abnimmt, wird die Qualität persönlicher Beziehungen von zunehmender Bedeutung sein.

Wer die besten Talente und die besten Kunden seine Freunde nennen kann, dessen Zukunft ist gesichert.

Erfolgreich „gescheitert" heißt: Ich bin dabei gescheiter geworden. Das gehört auch zur „Erwachsenenbildung".

Perfektion ist nicht gefragt - Schnelligkeit ist wichtiger

Früher haben die Großen die Kleinen gefressen, heute fressen die Schnellen die Langsamen. Es ist besser, der Erste beim Kunden zu sein mit weniger, als der Letzte mit viel und perfekt (und zu spät).

Lieber rechtzeitig beim Kunden mit weniger Perfektion als ein perfektes Angebot, aber zu spät. Schnelligkeit ist wichtiger als Perfektion. Es gibt einen ganz entscheidenden Trend, der gerade für Deutschland von großer Bedeutung ist.

Viele Menschen haben hier die Tendenz, einfache Dinge komplizierter zu gestalten (auch um eine gewisse Wichtigkeit damit zu dokumentieren). Die Zukunft gehört jedoch denen, die komplizierte Dinge einfacher gestalten und komplizierte Zusammenhänge einfacher darstellen können.

Niemand erwartet Perfektion, aber jeder erwartet, dass sein Problem optimal gelöst wird. Niemand hat Sehnsucht nach komplizierten Dingen, die nicht verstanden werden, weil sie so kompliziert sind. Der Nichtfachmann als Kunde erwartet, dass er verstehen und durchblicken kann, wofür er sein Geld wirklich ausgibt. Das ist eine Frage der Vertrauensbildung.

Es gibt einen großen Trend zur Einfachheit. Wer weiterhin versucht, die einfachen Dinge immer komplizierter zu machen oder kompliziert darzustellen, wird an Attraktivität und damit Anziehungskraft verlieren.

Wer jedoch die Fähigkeit hat, Kompliziertes einfach darzustellen, damit viele Menschen verstehen können, worum es geht, wird an Attraktivität und damit an Anziehungskraft gewinnen.

Humor und Witz zeugt von einer starken Persönlichkeit

Aus dem Leben gegriffene Erlebnisse und Erfahrungen – mit viel Humor und Witz erzählt – sind für jeden Menschen attraktiv. Das vermittelt Menschlichkeit und bringt Anziehungskraft.

Humorvolle Menschen sind viel attraktiver als Menschen, die zum Lachen in den Keller gehen.

Wenn du wirklich in deinem Leben bzw. in einem Thema über den Dingen stehst, dann kannst du auch viel leichter Witze machen – auch über dich selbst.

Ein Mensch, der es schafft auch über sich selber und seine Fehler lachen zu können, steht über den Dingen. Es zeugt von einer starken Persönlichkeit mit einem großen Herzen.

Wir sollten wieder lachen lernen – besonders über uns selbst.

Facts tell - Storys sell

Das persönliche Erlebnis zählt. Die persönliche Erfahrung ist dein Aktivposten. Jeder hat und braucht seine eigene Story.

Storys bringen dem Mitarbeiter und dem Kunden den Zugang zur Glaubwürdigkeit und Realität des Lebens. „Storyteller" sind bei vielen Menschen sehr attraktiv und wer eine interessante Story hat, genießt Anziehungskraft auf Menschen und damit auf viele Zuhörer.

Hinter jedem Unternehmen und hinter jedem Menschen steht eine Story.

Wer „seine Story" attraktiv zu präsentieren versteht und humorvoll kommuniziert, wird seine Anziehungskraft sowohl auf Mitarbeiter als auch auf Kunden erhöhen. Und eine erhöhte Anziehungskraft steigert die Nachfrage nach seinem Angebot. Automatisch.

Bist du bereit, dein Leben als Beispiel auf den Tisch zu legen, um andere Menschen damit zu inspirieren – auch wenn es um Fehler geht, die du gemacht hast – oder gerade dann?

Oder gehörst du zu denen, die sagen: „Das ist doch Privatsache." Gut, dann lass es Privatsache sein, wundere dich aber nicht, wenn deine Zuhörer dich nicht besonders attraktiv bzw. inspirativ empfinden.

Die Zukunft gehört den „lockeren Typen"!

Erfolgreich „gescheitert“ - die Grundlage für den großen Durchbruch

Wir brauchen auch in unserem Land eine viel stärkere „Kultur des Scheiterns“, wie es manche nennen. Scheitern dürfen, wieder aufstehen dürfen und weitergehen dürfen, sollte doch ganz normal sein, oder?

Gelobt gehört nicht der, der nichts unternimmt und daher auch nichts falsch machen kann. Gelobt gehört der, der hinfällt – aber schnell wieder aufsteht, den Staub von seinen Schuhen schüttelt und mutig weitergeht. Das sollte doch normal sein.

Ich gehöre jedenfalls zu dieser Kategorie. Ich bin in meinem 50-jährigen Unternehmerleben und auch privat mehrmals „erfolgreich GESCHEITERT“.

Gescheitert heißt, ich bin dabei gescheiter geworden. Lebenslanges Lernen ist eine Charakter-Eigenschaft wirklich erfolgreicher Menschen.

Ich bin froh, dass ich öfters „gescheitert“ bin. Etliche Projekte in meinem Leben haben nicht funktioniert – ich habe aber dabei Dinge gelernt, die ich für die erfolgreichen Projekte dringend brauchte. Ich bin gescheiter geworden.

Man darf auch privat scheitern. Wichtig ist dabei, daraus zu lernen und den gleichen Fehler nicht nochmals zu machen. Hoffentlich. Unser Gott ist immer ein Gott der „zweiten Chance“. Das habe ich in den USA gelernt. Aber ER vergisst meistens, dass wir schon bei der 77. Chance sind, die wir brauchen. Seine Gnade genügt mir. Auch für dich ist sie mehr als ausreichend. Seine Gnade meine ich.

Die Spielregeln des Recruitings (Mitarbeiter-Gewinnung)

Die Spielregeln der Mitarbeitersuche und der Mitarbeiterauswahl werden aufgrund des neuen Arbeitsmarktes neu geschrieben werden. Nicht, was mich interessiert, ist entscheidend, sondern was interessiert und begeistert meinen künftigen Mitarbeiter.

Opportunity-Marketing und Relationship-Marketing werden immer mehr zu bekannten Begriffen werden.

Der talentierte, leistungswillige Mitarbeiter sucht nicht mehr in erster Linie einen „Chef", der ihm sein Gehalt bezahlt, sondern die Menschen suchen mehr und mehr nach Geschäftspartnern, wo sie den Eindruck gewinnen: Hier wird mir geholfen, meine Träume, Visionen und Ziele zu erreichen. Hier bin und werde ich begeistert. „Chefs", die immer noch meinen, dass die Mitarbeiter ausschließlich dazu da sind, um ihnen zu helfen, ihre meist egoistischen und materiellen Ziele zu erreichen, werden es beim Gewinnen von Talenten schwer haben.

Leader-Persönlichkeiten, deren Ziel es ist, anderen Menschen (insbesondere den Mitarbeitern) zu helfen, sie zu begeistern, ihnen zu helfen, sich zu entfalten, zu entwickeln, ihre persönlichen Träume, Visionen und Ziele zu erreichen, werden eine große Anziehungskraft auf junge Menschen mit außergewöhnlichen Talenten entfalten und daher erfolgreich sein.

Wenn du noch Schwierigkeiten damit hast, die besten Talente der Branche als deine Mitarbeiter zu gewinnen, solltest du dich fragen, woran das wohl liegen mag.

Konzentration auf das Kernziel des Marketings.

Wo bzw. wie kann ich die Herzen der Menschen wirklich erreichen?

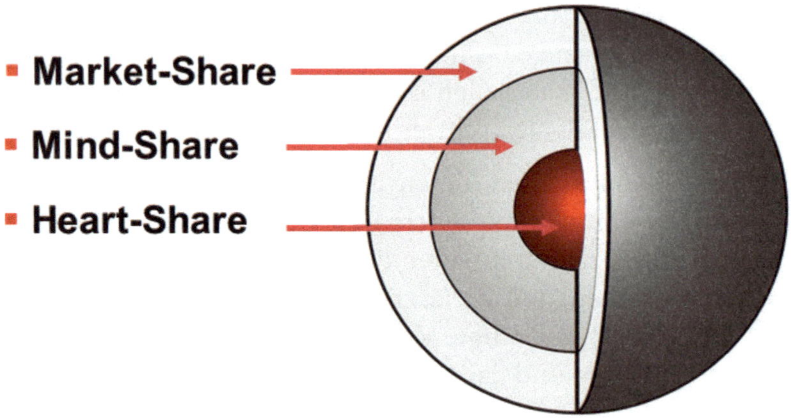

Das Kernziel im Marketing - sowohl Kunden als auch Mitarbeiter

Die Herzen der Menschen zu erreichen, ist das Kernziel von Marketing.

Im Marketing wird man nicht mehr so viel von Marktanteilen („marketshare“) sprechen. Man wird viel mehr darüber reden, wie man „mindshare“ (wie viele Gedanken widmet mir mein Kunde) gewinnt.

Wirklich erfolgreiche Unternehmen richten ihr Marketing jedoch danach aus, „heartshare“ (wie viel Platz habe ich im Herzen meines Kunden) zu gewinnen. Und wer den größten Anteil des Herzens gewinnt, hat automatisch auch viel „mindshare“ und damit automatisch auch viel „marketshare“ gewonnen.

Es geht nicht primär darum, die Besten oder der Beste zu sein, sondern die Einzigen bzw. der Einzige eines bestimmten Bereiches. Richtig positioniert zu sein.

Ja, es geht im Marketing darum, die Herzen der Menschen zu gewinnen. Wem die Herzen der Menschen buchstäblich zufliegen, der braucht sich keine Sorge mehr machen um Marktanteile – sie gehören ihm automatisch.

Ja, Menschenspezialisten® wissen, wie man die Herzen der Menschen gewinnt. Sowohl in der Mitarbeiter-Gewinnung als auch in der Kunden-Gewinnung.

Überall brauchen wir Menschenspezialisten®

Väter und Mütter sollten Menschenspezialisten® sein, denn es geht doch um die Zukunft unserer Kinder. Wie können wir sie zum Blühen bringen und in ihre Berufung führen?

Unternehmertum ist Erwachsenenbildung. Will ich ein blühendes Unternehmen haben, müssen meine Mitarbeiter blühen. Richtig aufblühen, erst dann können sie Frucht bringen.

Verkäufer als Menschenspezialisten® erreichen die Herzen der Kunden und machen sie zu langjährigen Freunden – und Stammkunden.

Menschenspezialisten® im **Network-Marketing** haben die Möglichkeit (falls ihr Unternehmen zu den seriösen Unternehmen gehört) vielen Menschen zu helfen, nicht nur ihre Berufung zu finden, sondern auch ihre finanzielle Zukunft abzusichern.

Vor allem **Pastoren** in den christlichen Gemeinden sollten Menschenspezialisten® sein. Es lebt doch der Menschenmacher in uns, sagt die Bibel. Da kann es doch nicht schwer sein, den Gemeindebesuchern zu helfen, ihre Berufung zu finden und sie dafür auszurüsten und auszusenden.

Menschenspezialisten® in unseren Schulen haben so viel mehr Möglichkeiten, ein Segen zu sein für die Kinder und Jugendlichen, als nur als Informations-Vermittler zu agieren nach deutschen, staubtrockenen Lehrplänen. Lehrer können ein großer Segen sein für die Zukunft unseres Landes, wenn sie ihren Beruf als Berufung erkennen und die ihnen anvertrauten Kinder mit einem einzigartig gesunden Fundament fürs Leben ausstatten.

Der Menschenspezialist® im Gesundheitswesen ist viel mehr als nur Arzt oder Krankenschwester. Es gibt viele Ärzte und Krankenschwestern (es gibt auch männliche Krankenschwestern), die ihren Beruf als Berufung erkannt haben und auch so ausführen. Es gibt aber leider auch viele Ärzte, die mehr der Pharma-Industrie dienen als den kranken Menschen. Hier gibt es viele Interessenskonflikte in unserem Land und viel Potenzial zum Umdenken.

Der Menschenspezialist® in der Politik ist mehr am Wohlbefinden der Menschen in unserem Lande interessiert als am Wohlbefinden seiner Partei und seiner selbst. „Mehr sag i net."

Wie geht es jetzt weiter?

Die Ausbildung zum diplomierten Menschenspezialisten®

Es geht um Menschen auf dieser Welt und nicht um Geld. Deshalb liefert dir die Ausbildung zum Menschenspezialisten® genau den richtigen Input – außergewöhnliche Inspiration und ein einmaliges Wertefundament – für deine erfolgreiche Zukunft.

Diese Ausbildung gibt es nur bei der Umdenk-Akademie® und erstreckt sich über die sieben Seminarmodule, die du in diesem Büchlein schon ein wenig kennenlernen konntest. Du erhältst ein festes Fundament im Bereich werte-orientierter Leadership, Positionierung, Teamleitung und wirst Botschafter „deiner Botschaft“.

Hast du Mitarbeiter oder Mitarbeiterinnen mit dieser Ausbildung in deinem Unternahmen, so halten dir diese den Rücken besser frei und du als Unternehmer wirst freier und kannst dich den ausschließlich für dich vorgesehenen Aufgaben konzentrierter widmen. Diese Investition ist die beste Zukunftsvorsorge.

Möchtest du ein Menschenspezialist® sein?

Dann informiere dich unter **www.menschenspezialist.de** oder schreib uns eine E-Mail mit deinen Fragen an office@umdenk-akademie.de.

Über den Autor

Karl Pilsl, geboren 1948 in Österreich, Vater von acht Kindern und bisher 18 Enkelkindern, ist seit 50 Jahren selbstständiger Unternehmer. Er hat alle Höhen und Tiefen dieses Lebens erlebt, von großen Erfolgen in den verschiedensten Bereichen, bis hin zur größten Niederlage, die ein Unternehmer erleben kann: dem Konkurs. Seit 1977 ist er im Medien- und Informationsbereich international tätig als Marktforscher, Consultant, Public Speaker und Verleger.

Er ist selbst Autor von mehr als 30 Büchern zu den Themen Unternehmensstrategie, Leadership, Motivation, Wirtschaftstrends und erVOLLgreiches Leben.

Seit 1979 ist Karl Pilsl auch in den USA tätig, seit 1987 als Wirtschaftsjournalist und beschäftigt sich insbesondere mit der Frage: „Was kann der deutsche mittelständische Unternehmer vom amerikanischen mittelständischen Unternehmer lernen?“

Hunderttausende seiner Bücher, Hörbücher und DVDs haben, genauso wie Tausende seiner Live-Veranstaltungen mit fast zweihunderttausend Zuhörern bisher, zu einem aktiven, begeisterten Leben inspiriert und ermutigt. Fast eine Million Menschen hat er durch seine Bücher und Hörbücher, DVDs etc. bisher erreicht.

Karl Pilsl hat selbst über ein Dutzend Unternehmen und Organisationen in Österreich, Deutschland und den USA gegründet, mit insgesamt Hunderten von Mitarbeitern.

Karl Pilsl ist ein Praktiker, durch und durch, in jedem Bereich seines Lebens.

Er ist Gründer von www.wirtschaftsrevolution.de und von Verlag Gute Nachricht GmbH, einem Medienunternehmen, das zum Umdenken anregt. Dazu hat er auch die Umdenk-Akademie® ins Leben gerufen, denn wir müssen umdenken, wenn wir im neuen Jahrtausend auf dieser Erde ein erfülltes Leben leben möchten.

Existenzgründer und klein- und mittelständische Unternehmer gehören zu seiner Kernzielgruppe. Karl Pilsl hat eine Leidenschaft Menschen zu inspirieren, nochmals so richtig durchzustarten, für viele Menschen Arbeitsplätze zu schaffen und Menschen herauszufordern, sich die wichtigste Frage des Lebens zu stellen: „Was haben andere Menschen davon, dass es mich gibt?"

Er ist auch der Gründer von www.club45plus.com eine Organisation für Menschen, die jenseits von 50 nochmals so richtig durchstarten möchten. Denn es sind ja nochmals 30 Jahre zwischen 50 und 80 - da kann man noch eine Menge bewegen.

Ja, wir müssen umdenken.

Viele Menschen brauchen dazu Hilfe, Unterstützung, Ermutigung, Training, Coaching, …

Karl Pilsl steht auch für Vorträge zur Verfügung, die hoch inspirativen Charakter haben und Menschen ganz stark zu unternehmerischem Denken motivieren und dazu ermutigen, ihr Leben selbst in die Hand zu nehmen.

Mehr Infos zu seiner Arbeit unter:

www.umdenk-akademie.de

www.umdenk-trainer.de

www.wirtschaftsrevolution.de/karlpilsl/referenzen

Ja, wir müssen umdenken

Umdenken und neu Orientieren ist das Kernthema der Umdenk-Akademie®, die der Autor Karl Pilsl gegründet hat. Die Umdenk-Akademie® bereitet Menschen auf eine neue Zeit vor.

Wir bilden auch Menschenspezialisten® und Umdenk-Trainer® aus, die das neue Denken hinaustragen in die Wirtschaft, in die verschiedenen Gesellschaftsbereiche wie Schulen, Organisationen, Kirchen, Vereine und vor allem auch in neue Wirtschaftssysteme, die die berufliche Zukunft vieler Menschen bestimmen werden.

Ja, wir müssen umdenken. Und es wird künftig vor allem darum gehen, ob jemand bereit ist, sein Leben selbst in die Hand zu nehmen und es wagt, seine eigenen Träume, Visionen und Ziele zu realisieren.

Die Umdenk-Akademie® bietet dazu die besten Voraussetzungen, um sich wirklich neu orientieren zu können.

Das neue Denken/Umdenken soll unseren Visionspartnern helfen, ihren Weg zu finden, ihre gottgegebene Berufung zu entdecken und sie erVOLLgreicher zu machen. Dazu bieten wir eine Ausbildung an, die das Umdenken unterstützt und Anleitung, Hilfestellung und Möglichkeiten der Zusammenarbeit anbietet.

Die Umdenk-Akademie® bildet Menschenspezialisten® aus, denn die Zukunft gehört den Menschenspezialisten®.

Wenn du dich für das Gedankengut der Umdenk-Akademie® oder für eine Zusammenarbeit mit uns interessierst, dann melde dich einfach bei uns oder komm zu einem unserer Seminare oder zu den Kennenlern-Tagen.

Termine findest du unter: www.umdenk-akademie.de

Eine Auswahl weiterer Medien des Autors Karl Pilsl

Die naturkonforme Strategie

Wenn wir aufhören, kompliziert zu denken und bereit sind, von der Natur zu lernen, dann wird das Leben einfach und höchst interessant. Wenn wir aufhören, allen alles recht machen zu wollen und beginnen, uns auf unsere Stärken und Talente und auf unsere Berufung zu konzentrieren, dann wird es sehr einfach, Spitzenleistungen zu erbringen und damit viele Menschen glücklich zu machen. Wenn wir aufhören, unsere alten (oft negativen) Erfahrungen immer wieder neu in die Zukunft mitzunehmen und beginnen, uns darauf zu konzentrieren, was wirklich in unserem Herzen brennt, dann werden wir auch für andere Menschen attraktiv sein und dadurch Anziehungskraft auf viele Menschen haben.

Vorworte von Dr. Dr. Cay von Fournier und Klaus Kobjoll

Buch, A5, 120 Seiten, 12,00 Euro

Die Zukunft gehört den Menschenspezialisten

Wer fruchtbar sein möchte, muss blühen. Denn nur was blüht, kann auch wirklich fruchtbar sein.
Wer ein blühendes Umfeld haben möchte, muss Menschen in ihre Blüte führen.
Haben Sie den Quantensprung vom Branchenspezialisten zum Menschenspezialisten schon gemacht?
Es geht um Menschen auf dieser Welt und um die Frage: Was wird aus den Menschen, die in meinem Unternehmen arbeiten?
Die Faszination der zweiten Lebenshälfte – als Menschenspezialist®.
Was ist Ihre Botschaft für andere Menschen? Warum sollen andere Menschen Ihnen zuhören?
Die alles entscheidende Frage: Was haben andere Menschen davon, dass es mich gibt?

Vortrag auf Video-DVD und Audio-CD, 48,00 Euro

Lebe deine Träume, Visionen und Ziele

Diese 31 Gedankenimpulse haben das Potenzial, dein Leben zu verändern.

Auf diesem Audio-CD-Set fordert Karl Pilsl heraus, sich täglich mit inspirierenden Gedanken zu beschäftigen, diese zu verarbeiten und im praktischen Leben umzusetzen. Das mitgelieferte Booklet bietet die Möglichkeit, die Inhalte nochmals lesend zu vertiefen und die Thematik zu verarbeiten. Sich zu dem einen oder anderen Gedanken schriftliche Notizen zu machen, hilft bedeutend, diese zu festigen und von den positiven Auswirkungen zu profitieren. Du hast es in der Hand, dein Leben zu programmieren und deine Träume, Visionen und Ziele zu leben.

Audio-CD-Set, 5-teilig mit Bonus-CD, 48,00 Euro

45plus - Die Faszination der zweiten Lebenshälfte

Wir sehen im BEST-Ager nicht den kaufkräftigen Konsumenten, wir sehen in dir den „förderungswürdigen JUNG-Unternehmer", der alle Voraussetzungen dafür hätte, noch einmal Großes zu bewegen.

Ja, Deutschland braucht Menschenspezialisten - du bist mit 50 sicher einer - oder auf dem Weg dorthin. Das Leben ist hochinteressant. Das Leben dauert viel länger als die meisten Menschen meinen. Die Jahre zwischen 20 und 50 sind 30 Jahre. Die Jahre zwischen 50 und 80 sind auch - genauso lange - 30 Jahre.

Ermutigung pur erwartet dich!

Buch, A5, 96 Seiten, 12,00 Euro

Neue Perspektiven für Ihre Zukunft

Karl Pilsl spricht die Zukunftsträchtigkeit mittelständischer Unternehmer, Einzelhändler, Handwerker, Dienstleister und deren Führungskräfte an. Er ermutigt, stellt Fragen, leitet an und kommt auf den Punkt, die heutige Situation - ob persönlich, in der Familie oder im Unternehmen - auf den Prüfstein zu stellen.

> Wenn mein "Pferd" tot ist, dann steige ich ab ... oder
> Wenn momentan nur "kein Wind" weht, dann rudere ich vorwärts.

Neue Perspektiven für Ihre Zukunft rückt die eigene Identität, Begabung, Talente und die Berufung in den Mittelpunkt. Der vorgeschlagene Weg führt in eine "erVOLLgreiche" Zukunft und zu (wieder) mehr Freude am Leben.

Buch, A5, 97 Seiten, 12,00 Euro

GOTT ist nicht religiös

und Jesus Christus kein Religionsgründer

Das mag dich schockieren, aber es ist wahr:
Gott ist nicht religiös und hat auch mit Religionen nichts zu tun.

Es gibt einen entscheidenden Unterschied zwischen Religion und Reich Gottes, den viele Menschen nicht kennen. Religion kommt aus der Finsternis, Reich Gottes aber ist das Licht, das jede Finsternis vertreibt.

Das Geheimnis der Ewigkeit sollte kein Geheimnis mehr sein.
Du wirst Antworten finden, die du schon lange gesucht hast und du wirst sicherlich auch deine bisher festgefahrene Meinung über ein bestimmtes Thema, z. B. „Das Leben nach dem Tod" oder „Wer ist Jesus Christus wirklich?", überdenken.

Buch, A5, 104 Seiten, 14,00 Euro

Mut zur Freiheit

Jetzt wird ausgepackt: Positiv, ermutigend, inspirierend, Orientierung gebend, mit viel praktischer Erfahrung und Hausverstand.

Karl Pilsl, Verleger und Autor Dutzender Bücher hat seine Erfahrungen in diesem Buch zusammengefasst und auf den Punkt gebracht.

Dieses Buch ist eine Ermutigung für jeden, der daran denkt, sein Leben selbst in die Hand zu nehmen und in der Selbständigkeit seinen erVOLLgreichen Weg zu gehen.

Buch, A5, 244 Seiten, 19,90 Euro

weitere Medien unter www.verlag-gute-nachricht.de

Ein aktuelles Medienverzeichnis bzw. Seminarangebote des Autors Karl Pilsl und des Verlags ist erhältlich bei:

Verlag Gute Nachricht GmbH
Freyunger Str. 53 a – D-94146 Hinterschmiding
Tel. +49 8551 913350 – Fax + 49 8551 913479
E-Mail: office@verlag-gute-nachricht.de

oder im Internet unter:
www.verlag-gute-nachricht.de
www.umdenk-akademie.de

Der Autor Karl Pilsl steht auch für individuelle Vortragsveranstaltungen zur Verfügung.

Anfragen bitte an den Verlag richten.

Einige seiner „Lieblingsthemen“:

Wem gehört die Zukunft in Europa?
Visionäre Leadership
Management frustriert – Leadership begeistert
Die Faszination der zweiten Lebenshälfte – Club45plus
Naturkonforme Strategie
Träume – Visionen – Ziele
Mut zur Freiheit